Basaltsäulen

ihre Entstehung am Beispiel des Golan

Andrea Walentowicz

Basaltsäulen

ihre Entstehung am Beispiel des Golan

Edition Golan

Bibliografische Information der Deutschen Nationalbibliothek: Die Deutsche Nationalbibliothek verzeichnet diese Publikation in der Deutschen Nationalbibliografie; detaillierte bibliografische Daten sind im Internet über dnb.dnb.de abrufbar.

© 2020 Andrea Walentowicz
Edition Golan
Schneiderstraße 79, 44229 Dortmund
www.edition-golan.com

Herstellung: BoD – Books on Demand, Norderstedt

ISBN: 978-3-9814459-3-0

Zentralgolan, Meshushimstrom
Basaltsäulenensemble am Wasserfall des großen Teiches

Vorwort

Wer den schönen Dingen der Natur zugetan ist und zum ersten Mal durch eine Landschaft wandert, die von Basaltsäulen geprägt ist, wird fasziniert sein von diesen natürlichen geometrischen Strukturen. Sie kommen an vielen Stellen der Erde vor, und auch auf anderen Planeten in unserem Sonnensystem wurden sie schon gesichtet.

Auf mich wirken diese steinernen Anordnungen von oft streng geometrischen Mustern und teilweise riesenhaften Ausmaßen surreal; sie regen die Fantasie an. Man fühlt sich wie ein Zwerg in einer Kristallstufe, wie in einer Szene aus „Die Reise zum Mittelpunkt der Erde" nach dem Roman von Jules Verne. Tatsächlich ist es in gewisser Weise eine Reise in die Vergangenheit der Erde, und oft erkennt man in der Anordnung des Basalts den Verlauf des Lavaflusses, der die Landschaft formte, wie versteinerte Gletscher.

Ich wurde von Betrachtern meiner Fotografien schon häufiger gefragt, ob solche Strukturen denn wirklich rein natürlichen Ursprungs sein können, oder ob der Mensch da nachgeholfen habe. Das hat er nicht

Basalt verwittert mit der Zeit und bildet so mit seinen wertvollen Mineralien eine nährstoffreiche Grundlage für Vegetation. Eine Auswahl aus der Vielfalt der herrlichen Blühpflanzen auf Basaltgestein zeige ich in meinem Buch „Blütenzauber im Golan", ISBN 978-3-9814459-2-3

Da ich gern im israelischen Golan unterwegs bin und hier ein großes Spektrum vielfältiger Basaltformationen zu finden ist, nehme ich dieses Gebirge als Beispiel für meine Ausführungen.

Grundlagen

Damit aus der flüssigen Basaltlava, die aus Erdklüften und Vulkanen fließt, Basaltsäulen entstehen können, bedarf es einiger Voraussetzungen, denn längst nicht alle Basaltvorkommen weisen eine säulenartige Struktur auf. Oft handelt es sich einfach nur um unspektakulären Flächenbasalt. Wenn das Magma aus dem Erdinneren an die Oberfläche dringt und austritt, nennt man es Lava; das nur zur Begrifflichkeit. Es ist aber ein- und dieselbe Substanz.

Chemisch betrachtet, ist Basalt ein basisches (SiO2-armes) vulkanisches Ergussgestein. Seine Farbe reicht von hellgrau bis tiefschwarz, je nach Beimengungen verschiedener chemischer Elemente. Er besteht vor allem aus einer Mischung von Calcium-Eisen-Magnesium-Silikaten (Pyroxene) und calcium- und natriumreichem Feldspat (Plagioklas) sowie meist auch Olivin.

Basalt kommt in der Erdkruste häufig vor, sie besteht größtenteils daraus. Die Böden der Ozeane bilden sich ebenso fortwährend aus Basalt. So gesehen, ist Basalt eigentlich nichts Besonderes. Auch Kohlenstoff ist auf der Erde nichts Besonderes, aber unter den richtigen Bedingungen formiert er sich zu herrlichen Diamanten. Genauso ist auch Basalt unter bestimmten Voraussetzungen in der Lage, sehr schöne, geometrische Strukturen zu schaffen, von denen es im Golan reichlich gibt. Der Golan besteht hauptsächlich aus Basalt (basischer Olivinbasalt), dessen älteste Schichten viele Millionen Jahre alt sind. Dieses Gebirge liegt nordöstlich des Jordangrabens, der sich aus der Nahtstelle zweier Erdplatten (Afrikanische Platte und Arabische Platte) ergibt. Seine geologische Formation reicht bis weit in die Arabische Halbinsel hinein und wird aufgrund seiner Farbe dort auch „Schwarze Wüste" genannt. Der israelische Golan, der sich geologisch durch zwei parallel verlaufende Vulkankegelketten nach Osten abgrenzt und dort nach Syrien hin tief abfällt, gehört zur nördlichen Flanke des Großen Afrikanischen Grabenbruchs. Diese Bruchzone beginnt etwas weiter nördlich in der Türkei, bildet im israelischen Bereich den Jordangraben und weiter nach Süden hin auf dem afrikanischen Kontinent das Rift Valley, das als Wiege der Menschheit betrachtet wird. Im Jordangraben liegt der See Genezareth und das Tote Meer.

Solche Nahtstellen sind vulkanisch sehr aktiv, da in diesen instabilen Bereichen das Magma leicht zur Erdoberfläche dringen kann und oft auch oberflächennah sogenannte Hotspots ausbildet, die ihrerseits die Magmakammern von Vulkanen ausbilden und speisen. So hat sich der Golan im Laufe der Jahrmillionen mit immer neuen massereichen Lavaergüssen und Lavaauswürfen hoch aufgeschichtet.

Zwischen den einzelnen Ergusszonen ergaben sich natürliche Täler, die sich im Laufe der Erdgeschichte durch Brüche unter Erdbebeneinfluss und Wasserausspülungen immer tiefer in die Basaltschichten eingruben. Dadurch sind auch in den Tiefen der Schluchten die erdgeschichtlich älteren Schichten sichtbar geworden. Man kann dort genau den Wechsel von vulkanischen Eruptionen in Form von Airfalls (Asche- und Gesteinsaufschüttungen durch Explosionsvorgänge) und Lavaergüssen nachvollziehen. Eruptionen, die explosionsartig Material in die Höhe geschleudert haben, fanden im Golan unter Mitwirkung von Wassereinschlüssen statt, der Effekt eines explodierenden Dampfkessels. Heute noch zeugt der eingestürzte Vulkan Avital von solchen Explosionen. Durch den Auswurf entleerte sich die Magmakammer, die späterhin einstürzte und dadurch zu einer Caldera führte. Oft sind derartige Tiefen mit Wasser gefüllt und bilden sogenannte Maare (bekannt sind in Deutschland die Eifelmaare). Im Fall des Avital ist es einfach eine Senke, in der heute Obst angebaut wird. Vulkangebiete sind sehr fruchtbar wegen der Mineralien, die dort durch Erosion freigesetzt werden und den Pflanzen zur Verfügung stehen.

Die Flusstäler des Golan beginnen fast unmerklich als kleine Senken südwestlich der Vulkanketten im Zentralgolan und schneiden sich, Richtung Südwesten verlaufend, zu immer tieferen Schluchten in die Landschaft ein, bis auf über tausend Meter Tiefe hinab. Die höchsten Vulkane des Golan (Avital und Bental) liegen bei über 1200 Meter über NN, und die Basaltströme gehen bis zum See Genezareth, dessen Wasserspiegel gut 200 Meter unterhalb des Meeresspiegels liegt. Dieser See wird zum Teil durch die drei Jordanzuflüsse

(Snir, Dan und Banias) aus den Karstquellen des Hermongebirges gespeist, zum anderen Teil von den kleineren und größeren Golanflüssen, die durch die Basaltschluchten verlaufen (z. B. Savitan, Meshushim, Jehudiya, Daliot, El-Al, Basellet, Ayit). Nicht all diese Flüsse führen das ganze Jahr über Wasser; man unterscheidet in Israel zwischen temporären und stetigen Zuflüssen. Dies hängt mit dem regenreichen Winterhalbjahr und dem trockenen Sommerhalbjahr zusammen.

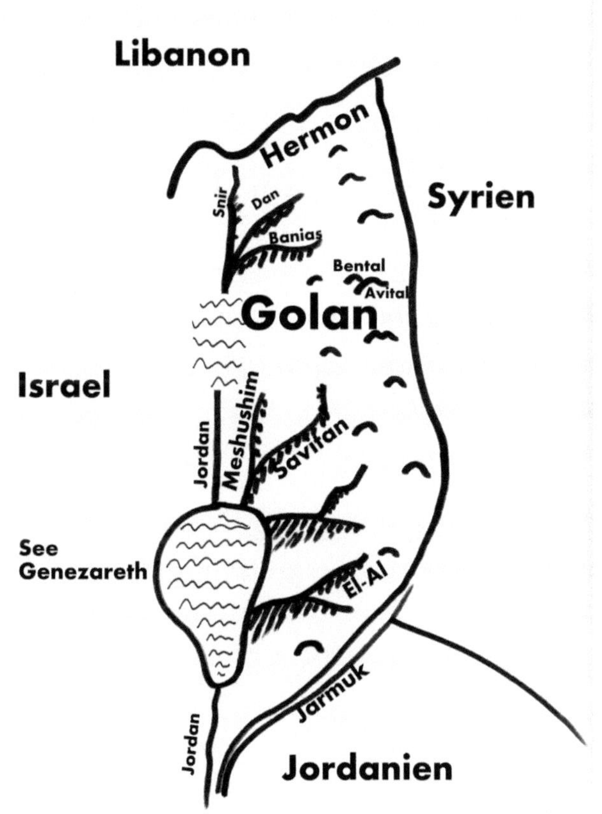

—

Die höchsten Golanvulkane sind - am Meeresspiegel gemessen – in etwa so hoch wie der Vesuv. Dies fällt aber dem Betrachter, der sich mit dem Auto oder zu Fuß den Vulkankegeln nähert, nicht auf Anhieb auf, da die Aschekegel der etwa 60 Vulkane nur einige zig Meter bis wenige hundert Meter aus dem hoch aufgeschichteten, erstarrten Basaltplateau herausragen.

Der Höhenunterschied wird nur spürbar, weil man vom See aus viele Kilometer stetig nur bergauf fährt. Die Aschekegel liegen, wie auf zwei in etwa parallele Perlenschnüre gereiht, an der Ostflanke des Gebirges in Nord-Süd-Richtung. Das gesamte basaltische Hochplateau ist auf einem Satellitenbild gut auszumachen und entspricht in seinen Grenzen ziemlich exakt dem israelischen Golan. Die gesamte Landschaft ist übersät mit Lavabomben aus schwarzer Basaltlava, die von heftigen Eruptionen herrühren. Aber neben den Eruptionen mit Ascheregen, Lapilli und Lavabomben gab es vor allem regelmäßige massereiche Lavaergüsse, die Richtung tektonischer Plattengrenze, dem heutigen Jordangraben, flossen.

Warum überhaupt gibt es hier und auch anderswo an tektonischen Plattengrenzen so häufig Vulkanismus?

Im Falle des Golan schiebt sich die Arabische Platte in Richtung Norden an der Afrikanischen Platte vorbei, die ihrerseits Richtung Süden driftet. Außerdem schiebt sich die Arabische Platte gleichzeitig über die Afrikanische Platte.

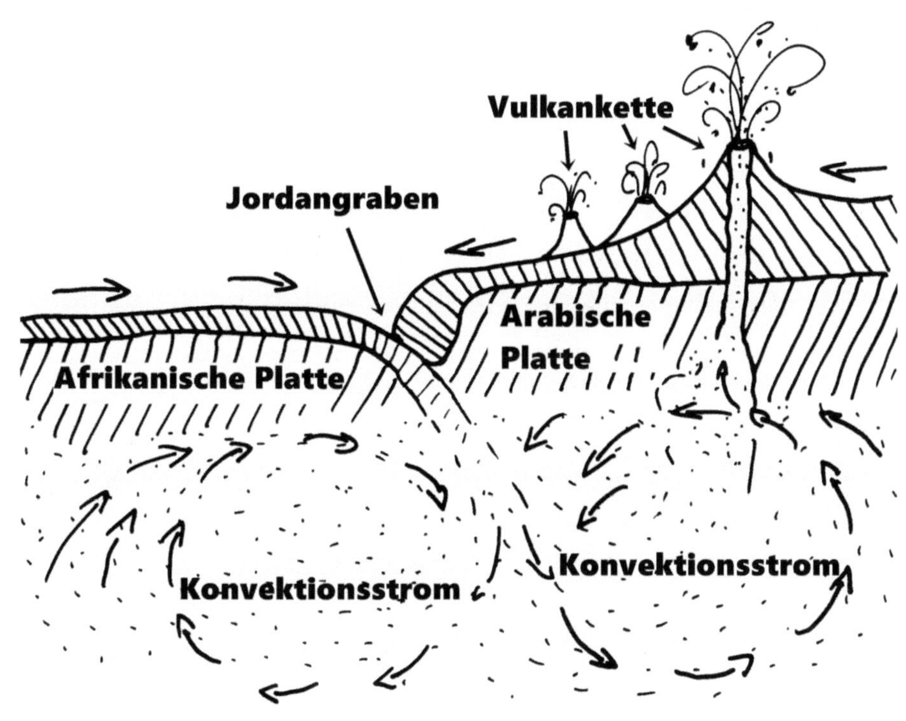

Hier liegt sehr viel Spannung in der Erdkruste, daher gibt es in der gesamten Region bis auf den heutigen Tag zahlreiche kleinere und größere Erdbeben. Die Plattentektonik, also die Zusammensetzung der Erdkruste aus einzelnen, frei driftenden Platten, ist bei den Planeten unseres Sonnensystems nach bisherigen Erkenntnissen auf unserer Erde einzigartig. Die Erdplatten schwimmen gewissermaßen an der Oberfläche auf dem flüssigen Erdinneren. Die Erdkruste ist also keine feste Schale um den Erdmantel, wie der Begriff „Kruste" es nahelegt, sondern besteht aus verschiebbaren einzelnen Platten.

Die Erdkruste ist im Verhältnis zum flüssigen Gesteinsanteil im Erdinneren dünn wie eine Eierschale. Dadurch sind die einzelnen Platten den Strömungen innerhalb des Erdmantels ausgesetzt. Die Strömungen entstehen durch die Rotation des Erdkerns. Man kann sich diese sogenannten Konvektionsströme (s. Grafik S. 13) als Wirbel vorstellen, die heißes, flüssiges Material in Richtung Erdkruste befördern und unter ihr hinweg gleiten. Dadurch kommen die Kontinentalplatten der Erdkruste in Bewegung. Die Flussrichtung der Ströme ist abwechselnd gegenläufig, sodass die Platten, die auf ihnen schwimmen, unweigerlich kollidieren. Im Erdmantelbereich kühlt die Flussmasse ab und sinkt wieder nach unten Richtung Erdkern.

Eine derartige Kollision findet auch zwischen der Afrikanischen und der Arabischen Platte statt. Durch den enormen Druck, den die Arabische Platte auf die Afrikanische Platte ausübt, taucht diese in Richtung Erdkern ab und wird durch die Hitze im Erdinneren dort langsam, aber sicher aufgeschmolzen. Diejenige Zone, in deren Bereich eine Erdplatte unter eine oder mehrere andere abtaucht, nennt man Subduktionszone (lat.: sub = unter, ducere = führen).
Der Golan hat sich auf genau solch einer Zone gebildet. Diese Prozesse erstrecken sich über Jahrmillionen und spielen sich nach menschlichen Maßstäben sehr langsam ab, so dass Erdplatten mit wenigen Millimetern bis hin zu einigen Zentimetern pro Jahr abtauchen. Das verflüssigte Material wird in der Nähe der Plattengrenzen durch

Vulkanismus wieder an die Oberfläche befördert. Im Falle des Golan ist die Plattengrenze durch den Verlauf des Jordangrabens gut ersichtlich.

Die Physik hinter den Basaltsäulen

Wenn Lava abkühlt, schrumpft sie im Volumen. Man kennt dieses Phänomen nicht nur von Schmelzen, sondern auch von anderen dickflüssigen Materialien, wie z. B. Schlamm. Betrachtet man eine ausgetrocknete Schlammpfütze, erkennt man am Grund zahlreiche Risse. Schrumpfungen in einer erstarrenden Schmelze können zu Rissen führen. Wenn die Abkühlung aufgrund äußerer Umstände sehr langsam vonstattengeht, bekommen die Schrumpfungsrisse in mineralischen Schmelzen wie Lava eine gewisse Systematik. Das Gestein hat dann genügend Zeit, die Spannungen langsam abzubauen.

Der Kreis ist jene geometrische Form, die mit dem geringstmöglichen Umfang die größtmögliche Fläche umschließt. Geometrisch definiert er sich dadurch, dass alle Punkte denselben Abstand zum Kreismittelpunkt haben.
Diese Optimierung zwischen Umfang und Fläche bzw. Oberfläche und Volumen spielt in der gesamten Natur eine große Rolle. So z. B. bauen Bienen ihre Wabenöffnungen im Querschnitt annähernd rund, da so mit möglichst geringer Oberfläche (das heißt mit möglichst wenig kostbarem, energieaufwändigem Wachs) möglichst viel Honig

eingelagert werden kann. Aber auch die Bienen „wissen", dass Kreise sich nicht lückenlos aneinanderfügen lassen, also haben sie die sechseckige Wabe entwickelt, die sich als einziger eckiger Körper, der dem Kreis am nächsten kommt, lückenlos von allen Seiten aneinanderfügen lässt. Mit Fünf, - Sieben- oder Achtecken funktioniert das nicht; bei Drei- oder Vierecken ginge das zwar, aber der Oberflächenverbrauch wäre wiederum zu groß im Verhältnis zur umschlossenen Fläche.

Ein Beispiel:

Wir legen eine Fläche von 100 qcm als Vergleichsgröße fest. Ist sie von einem Kreis umschlossen, hat dieser einen Umfang von 35,45 cm. Dieselbe Fläche, von einem Quadrat umschlossen, hat bereits einen Umfang von 40 cm (das entspricht einer Kantenlänge von 10 cm). Noch mehr Umfang ergibt sich bei einem gleichschenkligen Dreieck, nämlich 45, 6 cm (das entspricht einer Schenkellänge von 15,2 cm).

Da Gesteine aufgrund ihrer starren, kristallinen Struktur nicht in runden Formen reißen, sondern zu geraden, linearen Rissen neigen, kommt der Kreis auch hier als Idealtyp nicht infrage.

Da das Sechseck dem Kreis am nächsten kommt und aus linearen Rissen gebildet werden kann, reißt das Lavagestein bevorzugt in genau dieser Form. Das Sechseck bewahrt also eine maximale Berührungsfläche zu seinen Nachbarstrukturen, ähnlich dem System der Honigwabe:

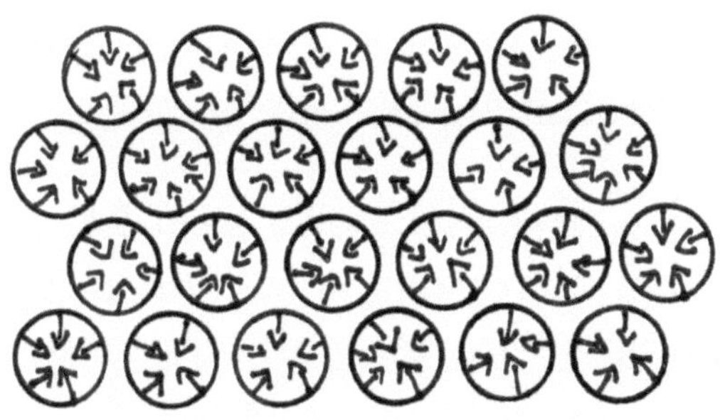

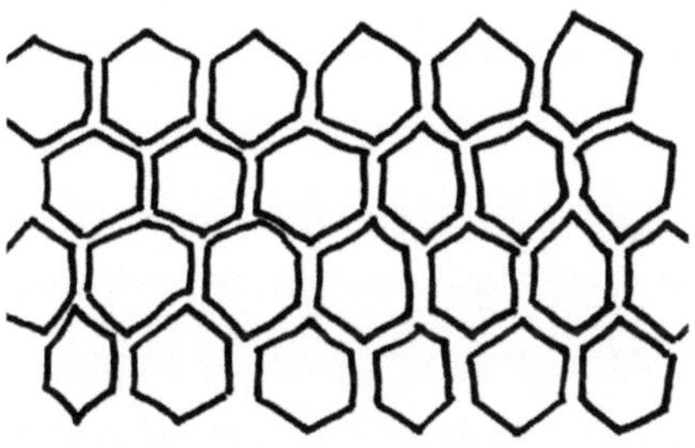

Tritt Magma aus der Erde aus, kühlt es an der Erdoberfläche als Lava ab. Wenn diese aus Vulkanschloten oder Erdspalten quillt, bildet sie zunächst einen flüssigen, schnell fließenden Strom, der mit zunehmender Abkühlung immer zäher und langsamer wird und schließlich zu festem Gestein erstarrt. Dieser Vorgang kann durch verschiedene Umstände schneller oder langsamer vonstattengehen.

Die erstarrende Gesteinsschmelze neigt bei der Abkühlung zur Schrumpfung. Zum einen kristallisieren die Mineralien, aus denen die Schmelze besteht, zum anderen führt sie auch viele Gase mit sich, die teilweise an die Oberfläche dringen und austreten. Dauert der Abkühlungsvorgang lange genug, haben die Mineralstrukturen genügend Zeit sich zu ordnen und zu verbinden, so dass die Risse eine Systematik bekommen.

Hier kommt die Sache mit dem Kreis und seinem Umfang ins Spiel. Es entstehen aufgrund der physikalischen Vorgänge bei der Abkühlung so viele Risse in der Fläche, bis jene maximalen Spannungen abgebaut sind, die das Material zum Reißen bringen. Es sind gewissermaßen die wenigst möglichen Risse bei maximaler Fläche, da die kristallinen Strukturen der erhärtenden Schmelze aneinanderhaften und nur unter äußerster Spannung loslassen und zum Riss führen. Die Anzahl der Risse ist einerseits von der Abkühlungsgeschwindigkeit und andererseits von der chemischen Zusammensetzung der Schmelze abhängig.

Warum aber Säulen?

Bislang haben wir nur die Fläche des Lavastroms betrachtet, aber er hat ja auch eine dritte Dimension, nämlich seine Höhe. Ein Lavastrom hat immer zwei Abkühlungsflächen, einmal diejenige auf seiner Unterseite über dem bereits abgekühlten, vorhandenen Untergrund, und zum anderen diejenige an seiner Oberfläche, zur Luft hin.

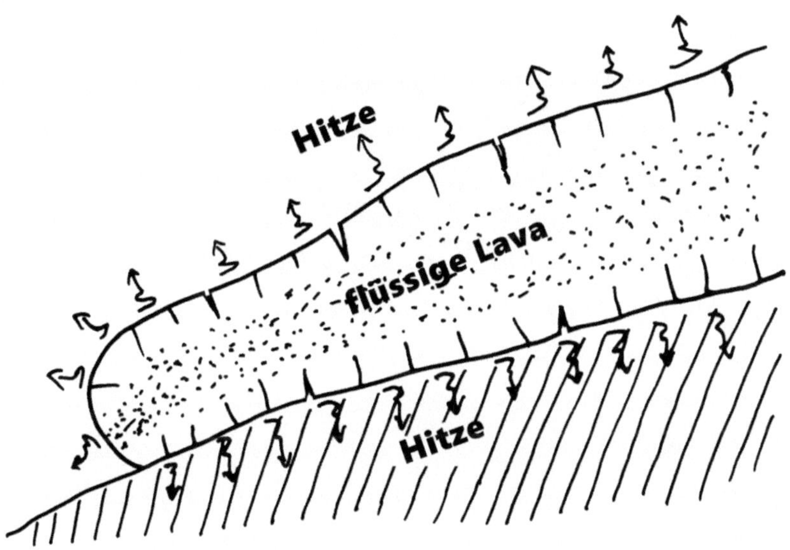

Die Schrumpfungsrisse entstehen auf beiden Seiten des stockenden Lavastroms, und zwar jeweils senkrecht zu den Abkühlungsflächen Richtung Strommitte, denn dort ist der Lavastrom immer noch am heißesten und elastischsten. Es ist naheliegend, dass sich die Schrumpfungsrisse, die von der Ober- und der Unterseite ausgehen, nicht exakt in der Mitte des Stroms treffen. So entstehen dort Spannungen, die auch in diesem Bereich zum Reißen des Gesteins führen und dann Klinker mit chaotischen Formen bilden:

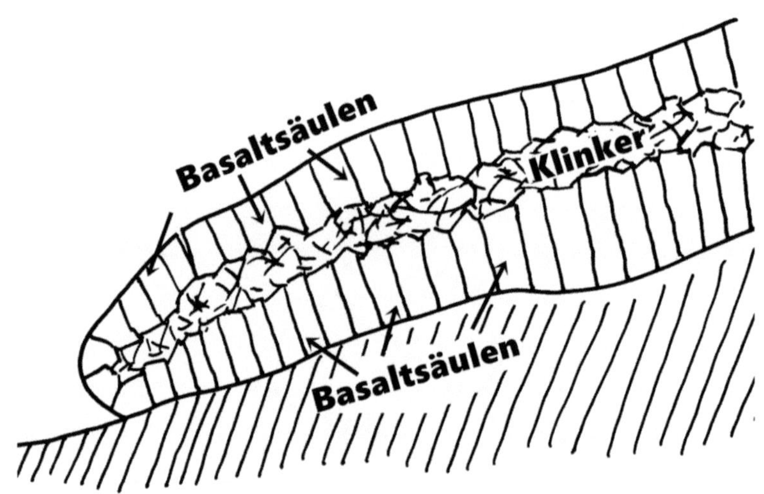

Wenn nun an der Ober- und Unterseite des Lavastroms die Rissbildung in etwa sechseckig vonstattengeht, kann man sich gut vorstellen, dass sich diese Risse in die Tiefe des Stroms weiter fortsetzen. Das erzeugt dann bei der Abkühlung sechseckige Säulenstrukturen, die wie ein 3D-Puzzle aneinander stehen. Natürlich gibt es auch hier Ausnahmen; so gibt es auch Fünf- und Siebenecke, die ihrerseits weitere unregelmäßige Säulen ausbilden. Die Regel aber ist das Sechseck.

Fotos: Klinkerbildung zwischen der oberen und der unteren Kolonnade am großen Teich des Meshushim

Foto: Meshushim, gesamte Kollonadenwand am großen Teich

Würde man den Lavastrom senkrecht anschneiden, sähe man ganze Kolonnaden. Von oben betrachtet, sieht er aus wie ein riesenhaftes Kopfsteinpflaster. Derartige senkrechte Schnitte kommen tatsächlich in der Natur vor, und zwar immer dort, wo sich durch Spannungen in der Erdkruste Bereiche gegeneinander verschieben. Auch durch Bodenerosion und das Abrutschen ganzer Gesteinsmassen werden solche senkrechten Kolonnaden im Bereich von Schluchten als Bruchstellen sichtbar.

Zudem geht die Abkühlung an der Luftseite schneller vonstatten als auf dem Boden, da dieser die Hitze besser speichert als die Luft, so dass die Basaltsäulen vom Boden aus mehr Zeit zum Wachsen haben und daher feiner, gerader und länger werden als die oberen:

Foto: untere Kolonnade, fein, gerade und regelmäßig in der Säulenbreite

Die Lava führt unzählige vulkanische Gase mit sich, die sich darin in Form von Blasen finden. Dadurch, dass diese leichter sind als die Lava, streben sie an die Oberfläche der Schmelze, wie Luftblasen im Wasser. Nun wird die Lava beim Abkühlungsprozess zunehmend zäher, bis Gasblasen schließlich nicht mehr austreten können und eingeschlossen werden. Dabei blähen sie die Lava im oberen Bereich des Lavastroms auf. So kommt es, dass die Säulen der oberen Kolonnade - je weiter man nach oben blickt - eine Neigung zu ungleichmäßigen Verdickungen aufweisen, sich winden, nach vorne neigen usw. So deutlich wie am Meshushim-Teich ist dieses Phänomen nur zu sehen, wenn es sich bei der Kolonnade um die Kante eines Lavastroms handelt, der im flüssigen Zustand den aufblähenden Gasen seitlich ausweichen konnte.

obere Kolonnade mit Beugungen, Verdickungen usw.

Gletschertälern gleich ziehen sich mehrere tiefe Einschnitte – gesäumt an beiden Seiten von mehr oder weniger exakt ausgebildeten mächtigen Basaltkolonnaden und von den Vulkanen im Osten aus allmählich tiefer werdend - durch den Zentralgolan bis hin zum südwestlich gelegenen See Genezareth.

Die Kolonnaden werden dort in mehreren Terrassen sichtbar, da sie das Ergebnis zahlreicher massereicher Lavaergüsse sind. Häufig finden sich zwischen den Lavaergüssen auch vulkanische Ascheschichten von Airfallauswürfen und manchmal auch Erosionsschichten, die lange Zeit der Oberfläche ausgesetzt waren, so dass die Entwicklung des Gebirges hier gut ablesbar ist.

So bietet uns der Golan aufschlussreiche Einblicke in die Entstehungsgeschichte unserer Erde.

obere Savitanschlucht

obere Savitanschlucht

untere Savitanschlucht

untere Savitanschlucht

Daliotschlucht

Meshushimwasserfall, Zentralgolan

Literatur zum Thema:

דורון מור: הגולן - ארץ הרי-הגעש   ISBN 978-965-350-051-8
(Doron Mor: Der Golan, Land der Vulkane)
nur hebräisch verfügbar

Jacques-Marie Bardintzeff: Vulkanologie   ISBN 3-432-30281-9 bislang in der Edition Golan erschienen:

Bildband: Blütenzauber im Golan ISBN 978-3-9814459-2-3

Als ich vor vielen Jahren Israel und seine Golanhöhen zum ersten Mal besucht habe – es war im Februar – war ich überwältigt von der Schönheit der üppig blühenden Wiesen und Hänge, denn damit hatte ich in diesem Landstrich nicht gerechnet. Seither komme ich immer wieder hierher, und die Blütenpracht, die sich auf dem sonst sehr kargen Basaltplateau vor allem im Frühjahr entfaltet, fasziniert mich jedes Mal aufs Neue. Im Golan blühen zu jeder Jahreszeit faszinierende Pflanzen, und so habe ich in diesem Album meine Eindrücke vom Frühjahr bis zum Winter fotografisch festgehalten, um meine Freude an dieser Naturschönheit zu teilen.